DE

L'ARROSAGE PRATIQUE

Canal d'irrigation de Lestelle

(Haute-Garonne).

Etablissement des ouvrages de distribution d'eau — préparation du sol et de l'arrosage — résultats acquis par les arrosants.

ET

Barrages automobiles pour réservoir d'eau et irrigations

Avec 3 Planches.

PAR

H. TRANIÉ

[illegible] Ponts-et-Chaussées, faisant fonctions d'Ingénieur.

PRIX : 3 FRANCS.

TOULOUSE

GIMET, LIBRAIRE,

Rue des Balances, 66

1871

AVIS

Dans toutes les régions les agriculteurs savent que l'irrigation est un moyen sûr et certain de faire rapporter à la terre un revenu net beaucoup plus élevé que par les autres genres de culture en usage. Mais on ne connaît pas encore suffisamment les détails des opérations à entreprendre pour arriver à faire de bonnes irrigations. Aussi un exemple pratique les résumant au triple point de vue de l'établissement des ouvrages de distribution d'eau de la préparation du sol et de l'arrosage, et des résultats très-avantageux acquis par les arrosants, nous a paru devoir être utile aux propriétaires agricoles. Cet exemple peut être imité dans un grand nombre de localités.

Aider à propager les irrigations, tel est le but que nous nous sommes proposé en publiant un opuscule sur le canal d'arrosage de Lestelle, créé depuis quelques années, et sur un modèle de barrage automobile pour réservoir d'eau et irrigations à l'usage des propriétés voisines des cours d'eau.

CANAL D'ARROSAGE DE LESTELLE

CHAPITRE PREMIER.

ORIGINE.

Les travaux du canal de Lestelle, pour la ligne principale et de dérivation, ont été commencés en septembre 1860 et terminés dans les premiers mois de 1861. Les lignes secondaires, les rigoles de tout ordre qui en sont dérivées, ainsi que les colatures ont été étudiées et construites en 1861 et 1862. C'est ce qui a constitué l'ensemble du réseau de distribution d'eau et d'assainissement. Le travail fait a été assez avancé dès le printemps de cette dernière année pour que l'arrosage pût convenablement être pratiqué sur toutes les parcelles préparées à cette époque pour recevoir l'eau ; ce qui a eu lieu en effet pour la majorité de la surface des terres appartenant aux associés. Ces travaux ont été exécutés sous l'administration d'un syndicat institué par décret du 3 octobre 1856.

Nous allons examiner successivement : 1° les faits généraux concernant l'établissement du canal et de ses dépendances ; 2° la préparation du sol, l'arrosage et la répartition des eaux ; 3° enfin les résultats acquis par les arrosants de Lestelle.

PLAN D'ENSEMBLE.

Le canal prend sa naissance à la Garonne, rive gauche, à trois kilomètres environ en amont du village de Lestelle. Le terrain qu'il dessert est limité à l'Est par cette rivière, à l'Ouest par la ligne principale de dérivation.

L'entier réseau de distribution des eaux et des colatures est formé, (Planche I) :

1° de la ligne principale ou de ceinture d'un développement de.	3,764m
2° De quinze lignes secondaires ayant leur origine au canal, d'une longueur ensemble de.	5,721m
3° De cinquante huit rigoles de tout ordre dérivées de celles ci-dessus présentant un développement de.	7,296m
4° Enfin de vingt neuf colateurs formant deux catégories, savoir : huit principaux ayant ensemble . . . . . . 4,327m } et vingt-un affluents. . . . . 3,835m }	8,162m
Longueur totale du réseau . . .	24,943m

Comme on le voit sur le plan, presque tous les tracés des diverses lignes et rigoles sont sinueux. Il était nécessaire de les construire ainsi pour éviter des dépenses inutiles en mouvement de terre. En un mot les tracés ont été commandés par la configuration du sol exactement comme au moyen des nivellements de précision.

LIGNE PRINCIPALE.

A son origine la ligne principale, ou canal, a été creusée dans un banc d'alluvions anciennes et mise à l'abri de l'invasion des eaux d'inondations par des levées latérales insubmersibles. Après un parcours droit de 147m incliné vers l'aval, le tracé de cette ligne, toujours établi sur la limite culminante du terrain arrosable, change de direction, tend à se rapprocher de la Garonne en suivant la lisière sinueuse d'un bois communal jusqu'au point où prend naissance la rigole I. Elle a été ensuite construite sur l'emplacement d'un chemin communal dévié. De la Rigole II jusqu'à la petite vallée du Jau sur une longueur de 1,500 mètres le canal a été creusé dans le talus de 6 à 7 mètres de hauteur du plateau supérieur. Après la vallée du Jau, où la cuvette est en remblai, le tracé se rapproche et contourne le village de Lestelle, il longe ensuite la route nationale de Toulouse à Saint-Gaudens et prend fin au fossé-mère qui forme la limite aval de la Commune de Lestelle.

Les largeurs des emprises du terrain nécessaire à l'établissement du canal varient avec les profondeurs des tranchées et surtout avec les accidents du sol. Elles sont comprises entre 16 mètres et 8 mètres pour la partie entre la prise d'eau et la ligne I. La largeur de 8 mètres est encore celle qui existe sensiblement entre les lignes I et II. Les largeurs des emprises s'élèvent à la suite à 14 mètres, qu'elles conservent jusqu'au Jau. Dans la dernière partie du canal elles ne varient plus qu'entre six mètres et quatre mètres.

Profils en long et en travers ; débit.

La pente longitudinale du canal est uniforme dans tout son parcours ; elle est de quarante centimètres par kilomètre. En outre, il y a une petite chute de $0^{m}20$ de hauteur à l'aval du village.

A l'origine, la largeur au plafond est de un mètre ; celle en gueule est de huit mètres, au niveau du terrain naturel, et de 12 mètres à la hauteur des digues latérales. Après les vannes déversoir ces largeurs diminuent graduellement ; au plafond la largeur est de soixante dix centimètres vers le milieu de la longueur du canal ; à son extrémité aval elle descend à quarante cinq centimètres. Celles en gueule ne sont plus respectivement que de trois mètres et de deux mètres cinquante centimètres, celle-ci dans la dernière partie.

Les profils en travers se rapportent aux accidents du terrain. Le canal est entièrement en déblai jusqu'au point où commencent les arrosages ; à la suite le côté droit est en remblai, le côté gauche en déblai jusqu'à la vallée du Jau qui est franchie au moyen d'un remblai. Puis le lit est creusé en déblai sur une première partie, et est uniquement en remblai dans la dernière partie ; dans l'intervalle qui les sépare le canal est formé en déblai et remblai.

Lorsque les eaux de la Garonne sont à l'étiage le débit dans le canal, vers le milieu de son parcours, a été trouvé de 400 litres par seconde. Pendant les périodes de grande sécheresse ce débit est moindre, mais en temps ordinaire il est égal à celui ci-dessus, sinon plus élevé, et peut exceptionnellement atteindre le débit de 600 litres.

OUVRAGES D'ART

Pour l'établissement de la principale dérivation il a été nécessaire de construire divers ouvrages d'art. Voici ceux qui ont quelque importance.

1° Prise d'eau et perrés aux abords ;

2° Vannes déversoir à 220 mètres en aval de l'ouvrage précédent ;

3° Perrés en amont et en aval de ces vannes ;

4° Vannes de décharge accolées à la vanne de la ligne I.

5° Pont-aqueduc sur le Jau, et déversoir accolé à ce pont ;

6° Deux aqueducs pour chemins vicinaux ;

7° Enfin cinq aqueducs pour chemins ruraux.

Nous allons donner quelques éclaircissements sur l'utilité des principaux ouvrages.

PRISE D'EAU ET ABORDS.

L'ouvrage de prise d'eau est construit sur la berge, rive gauche de la Garonne. Il est formé de deux vannes (Planche II fig. 1, 2 et 3), de dimensions égales. Les fondations sont composées d'un massif de béton avec carrellement en pierre dans la largeur des orifices; elles sont établies sur un terrain graveleux et caillouteux incompressible et défendues par des enrochements en amont et aval tant au plafond que sur les côtés. Au-dessus les parements des maçonneries sont en pierre de taille, les remplissages en moëllon ; le tout construit avec mortier de chaux éminemment hydraulique. La partie supérieure de l'ouvrage, ainsi que les perrés sont élevés au dessus des plus hautes eaux connues.

Les vannes, manœuvrées par des crics, sont en bois de chêne ; elles glissent dans des rainures pratiquées dans des poteaux en bois de même nature.

Il n'y a pas de retenue; les seuils des orifices sont établis à cinquante centimètres en contrebas du niveau ordinaire des eaux d'étiage.

VANNES-DEVERSOIR.

Quelques mots sont nécessaires sur l'utilité de ces vannes : entre le point où elles sont construites et celui où est établi l'ouvrage de prise d'eau le canal est creusé, dans un terrain d'alluvion, au dessous du niveau ordinaire des eaux de la rivière. Entre ces deux points les sources sont nombreuses et abondantes, tandis qu'en aval il n'y a plus de filtrations. Pour mettre à sec la partie inférieure du canal on a construit ces vannes au point où cessent les sources. Elles ont encore un autre but : c'est de pouvoir régulariser par déversement le volume d'eau à introduire dans le canal ; ce qui est très-essentiel à cause du niveau variable de l'eau dans la Garonne. Voici maintenant l'ensemble de leur construction.

Les maçonneries sont composées de deux culées et d'une pile centrale ayant 1m 50 de largeur dans le sens de l'axe du canal. Chaque culée a un mètre d'épaisseur, la pile n'a que 0m 50 d'épaisseur. Elles sont établies sur un massif de béton avec radier. Entre les culées et la pile il existe deux déversoirs de un mètre de largeur chacun correspondant aux largeurs des orifices de la prise d'eau. Vers l'extrémité amont on a pratiqué dans les maçonneries des rainures verticales dans lesquelles on glisse des madriers pour intercepter l'eau. En les manœuvrant convenablement on obtient dans le canal le volume d'eau dont on veut disposer pour l'arrosage.

Pont-Aqueduc et déversoir du Jau.

Pour franchir la petite rivière du Jau on a construit un pont aqueduc. Il est formé de deux culées en maçonnerie et d'un tablier en bois de chêne. Ce genre de construction est très économique et très solide. Il y a dix ans que ce pont est établi, jusqu'à ce jour le tablier en bois, convenablement calfaté et goudronné, n'a pas subi d'altération sensible. (Pl. II, fig. 4, 5, 6, 7).

Il n'était pas possible de songer à passer le Jau au moyen d'une voûte en maçonnerie, même avec un arc de cercle à flèche très réduite ; car l'écoulement de l'eau dans le lit de cette rivière eût été gêné. Le tablier en bois n'exige qu'un entretien peu dispendieux et n'a coûté que trois cents francs mis en place. En fer il aurait coûté deux mille francs au moins et aurait exigé des frais d'entretien plus élevés qu'avec du bois. Voilà pourquoi on a construit en chêne le tablier de ce pont.

Le déversoir accolé au pont sert à faire écouler le trop plein des eaux du canal dans la rivière du Jau ; il permet en outre, par une manœuvre intelligente des poutrelles, de régulariser le volume d'eau à utiliser pour l'arrosage dans la partie inférieure du canal.

Lignes secondaires et rigoles.

Les lignes secondaires, désignées par des chiffres romains, sont construites généralement sur les sommets du terrain des zones arrosables, de manière à desservir dans tous les sens une surface aussi étendue que possible.

Les rigoles sont établies et disposées de telle sorte que les propriétaires membres de l'association aient l'eau à leur disposition à la partie supérieure de chaque parcelle à irriguer. Elles sont annotées en chiffres arabes par réseau de ligne secondaire.

Pour les unes et les autres les pentes longitudinales sont presque toujours celles du terrain naturel, adoucies sur quelques points par des petites chutes. Leur établissement a été précédé d'un nivellement général sur toute la surface du terrain à desservir. La dépense pour les établir, a été peu élevée, mais elles ont exigé des soins minutieux. Pour exemple nous citerons le cas de la ligne I dont la pente moyenne par mètre est de 0^m 0022.

Cette ligne secondaire est construite dans une alluvion

sablonneuse facile à être entraînée par les eaux. Sa longueur dépasse deux kilomètres ; elle dessert la surface arrosable la plus étendue parmi les dérivées du même canal. Primitivement établie avec une largeur au plafond de 0m 50 seulement, il a été nécessaire, dans la partie supérieure, de porter cette largeur à 1m 30 qu'elle a aujourd'hui. Ses digues ne sont plus attaquées ni corrodées par les eaux, outre qu'elles ont été consolidées par le foin provenant de la graine de Ray grass. Cette rigole est actuellement dans un bon état d'entretien, sa stabilité est assurée.

De toutes les rigoles du réseau de Lestelle, celle dont nous venons de parler a été construite dans le terrain le plus mouvant et dans les conditions les moins avantageuses. La situation des autres rigoles n'a pas été sensiblement modifiée depuis qu'elles ont été établies.

COLATURES.

Dans toutes les irrigations, de la nature de celle dont nous nous occupons, il est très essentiel de faire promptement écouler les eaux que les terres n'ont pu absorber. C'est ce qui motive l'établissement de colateurs ou fossés d'assainissement qui, à l'inverse des rigoles, sont situés dans les dépressions du sol ; ils doivent toujours être placés sur les points où convergent les eaux après l'irrigation.

A Lestelle les colateurs principaux et récipients désignés par des lettres majuscules (Planche I), déversent leurs eaux dans la Garonne et le Jau. Les autres ne sont que des affluents des premiers. On a donné à tous une section suffisante pour écouler facilement les eaux de colature. Pour leur établissement on a observé les usages adoptés par les cultivateurs pour les fossés d'assainissement de leurs terres. Quoique l'expérience seule puisse fixer les règles à suivre dans chaque cas particulier, nous fournissons un exemple d'un colateur établi dans de bonnes conditions :

Les dimensions du colateur A dans la partie amont sont : 0m 30 de largeur à la cuvette, 0m 50 de largeur en gueule ; et 0m 30 de profondeur. Sa pente longitudinale est de 0m 005 par mètre. Ce colateur est suffisant en section pour assurer le libre écoulement de l'eau non absorbée après l'arrosage, d'un hectare de terre à raison de cent litres par seconde, la durée de l'arrosage étant de quatre heures dix minutes.

CHAPITRE II

Indications sur la préparation du sol et de l'arrosage.

Nous prenons pour exemple une parcelle de terre arrosée par les eaux du canal de Lestelle ; nous la représentons à l'échelle de 0m 001 par mètre (Planche III) Elle est située à l'origine de la ligne secondaire nº I, entre la Garonne et le canal. Avant sa transformation c'était un patus communal ne produisant presque rien ; sa contenance est de 1 h 78 a 33 c. C'est la dernière parcelle inscrite dans a 5e catégorie du tableau (page). Le sol était caillouteux, graveleux, dégradé dans tous les sens par les bestiaux ; il a nécessité pour sa préparation à l'arrosage des travaux relativement coûteux. Il a fallu faire des mouvements de terre importants, et creuser sur plusieurs points des tranchées profondes pour y enfouir les cailloux ramassés à la surface. Ce travail a été bien conduit, car l'arrosage de cette parcelle s'effectue d'une manière très satisfaisante.

Les déclinaisons du terrain sont réparties en deux versants à droite et à gauche de la ligne I. La direction des eaux pendant l'arrosage est indiquée par des flèches ; les chiffres entre parenthèses expriment le relief du sol eu égard au niveau de la mer auquel ces côtes de nivellement sont rapportées

La pente longitudinale de cette parcelle est sensiblement la même que celle comprise entre les seuils des premières et deuxièmes vannes ; elle est de 0m 0022 par mètre.

Sur le côté droit de la ligne I les pentes transversales du terrain, dans le sens des flèches, sont différentes à cause de la faible largeur de la zone et du voisinage de la rivière ; elles sont comprises entre un minimum de

0^{m} 0143 de pente par mètre vers l'amont, et un maximum de 0^{m} 07 d'inclinaison par mètre à l'extrémité d'aval. Ces pentes ont plutôt été conservées que créées.

Il n'en est pas de même pour la plus grande partie de la parcelle comprise entre le canal et la ligne I. où le terrain, à la surface, a été notablement modifié. Aussi les pentes transversales diffèrent peu d'un point à un autre point et s'écartent peu de la pente d'un centimètre par mètre. Les points où les écarts sont les plus sensibles sont compris entre 0^{m} 0108 de pente par mètre pour la plus forte et 0^{m} 0.0837 également de pente par mètre pour la plus faible.

Dans cette situation l'arrosage de la parcelle en question s'effectue dans de bonnes conditions. Voici comment se fait le répandage de l'eau.

Sur les quatre vannes qui servent à introduire l'eau sur la prairie on ouvre, avec les eaux ordinaires, deux vannes de la même rive. En sortant l'eau suit du même côté que les vannes, la rigole qui longe la ligne I, d'où elle se déverse ensuite dans la prairie par-dessus le bord de la rigole et se répand en outre par les tronçons de petites rigoles qui s'embranchent à la première. Dans la partie d'aval, la largeur de cette zone étant trop étendue pour qu'elle pût être arrosée par une seule rigole, il a fallu établir vers le milieu une rigole secondaire de déversement afin que l'eau puisse se répandre uniformément sur toute la surface.

Quand les eaux sont abondantes on ouvre les quatre vannes ; dans ce cas l'eau est amenée dans toutes les parties à la fois, mais la durée de l'arrosage n'est pas le même pour les deux zones de surfaces inégales ; cela se comprend.

Dans l'un et l'autre cas, l'ouvrier chargé de l'opération place dans les rigoles de déversement de petits barrages mobiles submersibles ou insubmersibles suivant les circonstances pour élever le niveau des eaux sur les points où cela est nécessaire. Ces barrages généralement espacés de dix mètres à quinze mètres (il n'y a pas de règle absolue), sont faits avec des planches, ou des cailloux, ou des mottes de gazon, quelquefois ils sont établis avec tous ces matériaux réunis.

RÉPARTITION DES EAUX.

Actuellement le canal de Lestelle ne dessert que 93 hectares, mais la surface entière arrosable est très approximativement de 100 hectares. La répartition des eaux a été faite pour la superficie la plus étendue. On ne sera pas ainsi obligé de refaire le travail de la répartition lorsque une parcelle non arrosée en ce moment, mais comprise dans la zone sera soumise à l'arrosage. Elle est établie sur les bases suivantes :

Le volume de quatre cents litres d'eau dont on dispose aux époques d'étiage est introduit dans quatre rigoles distinctes toutes avant leur origine au canal, de telle sorte que chacune d'elles débite cent litres d'eau.

Il y a chaque semaine un arrosage de jour et un arrosage de nuit sur toutes les parcelles de terre comprises dans l'association.

Le minimum de la durée de l'arrosage par parcelle, quelle que soit sa contenance, est fixé à un quart d'heure.

Le jour, les arrosages ont lieu à partir de quatre heures du matin jusqu'à huit heures du soir. Il est réservé huit heures de la journée du dimanche, depuis huit heures du matin jusqu'à quatre heures du soir, pour les arrosages hors tour reconnus nécessaires par le syndicat.

La nuit, les arrosages sont effectués de huit heures du soir jusqu'à quatre heures du matin.

D'où un hectare de terre reçoit l'eau :

Le jour pendant quatre heures dix minutes ;

La nuit pendant deux heures quatorze minutes.

Les parcelles qui dans la répartition générale n'ont pas droit à un quart d'heure d'arrosage, sont groupées de manière à ce qu'elles aient ce minimum ; mais le volume de 100 litres d'eau par seconde attribué aux parcelles non groupées est proportionnellement réduit pour celles qui sont groupées. Ainsi, par exemple, le temps d'arrosage pour une parcelle est fixé au minimun de un quart d'heure, lorsque par la répartition elle n'avait droit qu'à sept minutes et demie, dans ce cas le volume d'eau qu'elle reçoit est de 50 litres au lieu de 100 litres

Ces bases ont été arrêtées à la suite de nombreuses expériences faites sur les parcelles à irriguer tant pour les intervalles à observer entre deux arrosages que pour leur durée.

En outre, il y aura tous les ans un mouvement de rotation le jour et la nuit :

Les parcelles qui doivent être arrosées, les années en nombre pair, le lundi à partir de quatre heures du matin, seront arrosées les années en nombre impair à partir de midi. Celles qui s'arroseront la nuit dès huit heures du soir la première année, n'auront l'eau pendant l'année suivante qu'à partir de minuit. Les 3e, 5e, 7e, années on reviendra aux heures de la première, les 4e, 6e, 8e, années on arrosera comme la deuxième, et ainsi de suite.

Enfin les arrosages de jour commencent le lundi, ceux de nuit s'effectuent pour les mêmes parcelles à partir de la nuit du jeudi au vendredi, c'est-à-dire qu'ils ont lieu à des intervalles sensiblement égaux.

Toute l'eau étant distribuée dans quatre rigoles distinctes, il y a par conséquent quatre séries d'arrosants, ces séries sont établies dans des conditions identiques mais indépendantes les unes des autres. Une partie de la première série est comprise dans le tableau ci après. Avec un peu d'attention il est facile de se rendre compte des dispositions adoptées pour toutes les colonnes, exceptées celles du n° 8 qui doivent être expliquées :

Les chiffres inscrits dans cette colonne représentent les largeurs des vannes-déversoir attribuées à chaque parcelle. Leur débit est calculé pour toutes sous une charge de 0m 20 de hauteur d'eau.

A la suite de plusieurs expériences, il a été reconnu qu'un déversoir en pierre de 0m 12 d'épaisseur au seuil et aux pieds droits, doit avoir 0m 02 de plus de largeur qu'un déversoir à mince paroi pour que les débits de l'un et de l'autre, sous la même charge soient égaux.

Le débit de cent litres d'eau est obtenu par un déversoir à mince paroi de 0^{m} 64 de largeur, avec une charge de 0^{m} 20 de hauteur sur le seuil. Un débit égal sous la même charge est obtenu à un déversoir en pierre de 0^{m} 66 de largeur dans les conditions d'établissement indiquées ci dessus.

Cette largeur uniforme de 0^{m} 66 est inscrite dans la colonne n° 8, au droit de toutes les parcelles non-groupées pour les arrosages de jour. Voici comment on opère pour les autres : on multiplie 0^{m} 64, largeur du déversoir à mince paroi, par la surface d'une parcelle groupée avec d'autres ; le produit ainsi obtenu est divisé par la somme des surfaces des parcelles groupées avec la première : le quotient plus de 0^{m} 02 donne la largeur du déversoir de la parcelle pour laquelle on a fait le calcul. Prenons un exemple dans la 1re série de la répartition, (voir le tableau ci-contre) soit la parcelle n° 14, dont la contenance est de 4 a 25 c, groupée avec les parcelles n° 15 et 16. La somme des surfaces de ces trois parcelles est de 11^{a} 44^{c}. On a : $\frac{0^{m}\,64 \times 4\,a.\,25\,c.}{11\,a.\,44\,c.} + 0^{m}\,02 = 0^{m}\,26$ pour la largeur du déversoir de cette parcelle, inscrite dans la colonne 8. Toutes les largeurs des déversoirs des parcelles groupées sont obtenues par des calculs semblables.

Faisons observer qu'on peut placer plusieurs vannes-déversoirs aux parcelles non groupées ni le jour ni la nuit, parce que le volume d'eau qui leur est attribué, ainsi que la durée de l'arrosage, sont rigoureusement limités ; tandis que pour les parcelles groupées il ne peut y avoir qu'un déversoir avec les dimensions fixées par la répartition parce qu'il s'agit pour celles-ci de leur partager cent litres d'eau, débit normal des rigoles pendant l'arrosage. Ce qui précède s'applique plus spécialement au jour.

Pour la nuit, la répartition des eaux diffère sur quelques points de celle de jour notamment en ce qui concerne les groupements qui embrassent presque toujours un plus grand nombre de parcelles. Quoique les largeurs des déversoirs ne concordent pas exactement pour la nuit avec les combinaisons adoptées dans la répartition de jour, on a dû opérer comme le porte le tableau, dans le but : 1° d'augmenter la durée de l'arrosage pour les petites parcelles ; 2° de tenir compte des difficultés inhérentes aux arrosages faits pendant la nuit. Mais les groupages ainsi faits n'altèrent nullement le bon fonctionnement de l'irrigation.

Après le tableau de la répartition extrait de la 1re série nous produisons le règlement en vigueur pour le canal de Lestelle.

Nos d'ordre.	NOMS des propriétaires.	LIEUX dits :	DISTRIBUTION DE L'EAU LA NUIT.	
			…ées en nombre pair.	Années en nombre impair.
1	2	3	11	12
1	......	Graviers d'en haut	…T du jeudi au vendredi. …UATRE HEURES ; …ures du soir à minuit	1re NUIT (du jeudi au vendredi, à partir de minuit). QUATRE HEURES : de minuit à 4 heures 2e NUIT (du vendredi au samedi)
2	......	id.		
3	......	id.	…mble Nos 2, 3 et 4 ; … HEURE UN QUART ; …inuit à 1 heure 1/4	Ensemble Nos 2, 3 et 4. UNE HEURE UN QUART : de 8 heures à 9 heures 1/4
4	......	id.		
5	......	id.		
6	......	id.	…mble Nos 5, 6, 7 et 8. UNE HEURE : …ure 1/4 à 2 heures 1/4	Ensemble Nos 5, 6, 7 et 8. UNE HEURE : de 9 heures 1/4 à 10 heures 1/4.
7	......	id.		
8	......	id.		
9	......	id.		
10	......	id.	…mble Nos 9, 10 et 11. …S QUARTS D'HEURE ; …eures 1/4 à 3 heures	Ensemble Nos 9, 10 et 11. TROIS QUARTS D'HEURE ; de 10 heures 1/4 à 11 heures
11	......	id.		

Nos d'ordre	NOMS des propriétaires	LIEUX DITS	PLAN DU SYNDICAT Section	PLAN DU SYNDICAT Nos	Désignation des lignes et rigoles de distribution	Contenance par parcelle	Largeurs des vannes déversoir	DISTRIBUTION DE L'EAU LE JOUR — Années en nombre pair	DISTRIBUTION DE L'EAU LE JOUR — Années en nombre impair	DISTRIBUTION DE L'EAU LA NUIT — Années en nombre pair	DISTRIBUTION DE L'EAU LA NUIT — Années en nombre impair
1	2	3	4	5	6	7	8	9	10	11	12
								1re SÉRIE. Ligne secondaire 1, et rigoles dérivées.			
1		Graviers d'en haut	A	1	1 de 1	1h 75a 32c	0m 66	**LUNDI** SEPT HEURES ET DEMIE : de quatre heures du matin à 11 heures et demie.	**LUNDI** (à partir de midi). SEPT HEURES ET DEMIE : de midi à 7 heures 1/2	**1re NUIT** du jeudi au vendredi. QUATRE HEURES : de 8 heures du soir à minuit	**1re NUIT** (du jeudi au vendredi, à partir de minuit). QUATRE HEURES : de minuit à 4 heures
2		id.	id.	118	id.	13 a 63	0 66	UNE DEMI-HEURE : de 11 heures 1/2 à midi.	UNE DEMI-HEURE : de 7 heures 1/2 à 8 heures		**2e NUIT** (du vendredi au samedi)
3		id.	id.	7	id.	17 a 30	0 66	TROIS QUARTS D'HEURE : de midi à midi 3/4	**MARDI** TROIS QUARTS D'HEURE : de 4 h. du matin à 4 h. 3/4	Ensemble Nos 2, 3 et 4 : UNE HEURE UN QUART : de minuit à 1 heure 1/4	Ensemble Nos 2, 3 et 4 : UNE HEURE UN QUART : de 8 heures à 9 heures 1/4
4		id.	id.	8	id.	19 a 02	0 66	TROIS QUARTS D'HEURE : de midi 3/4 à 1 heure 1/2	TROIS QUARTS D'HEURE : de 4 heures 3/4 à 5 heures 1/2		
5		id.	id.	9	id.	6 a 30	0 66	UN QUART D'HEURE : de 1 heure 1/2 à 1 heure 3/4	UN QUART D'HEURE : de 5 heures 1/2 à 5 heures 3/4		
6		id.	id.	10	id.	5 a 80	0 66	UN QUART D'HEURE : de 1 heure 3/4 à 2 heures	UN QUART D'HEURE : de 5 heures 3/4 à 6 heures	Ensemble Nos 5, 6, 7 et 8 : UNE HEURE : de 1 heure 1/4 à 2 heures 1/4	Ensemble Nos 5, 6, 7 et 8 : UNE HEURE : de 9 heures 1/4 à 10 heures 1/4
7		id.	id.	11	id.	6 a 06	0 66	UN QUART D'HEURE : de 2 heures à 2 heures 1/4	UN QUART D'HEURE : de 6 heures à 6 heures 1/4		
8		id.	id.	117 116	2 de 1	21 a 82	0 66	UNE HEURE : de 2 heures 1/4 à 3 heures 1/4	UNE HEURE : de 6 heures 1/4 à 7 heures 1/4		
9		id.	id.	115	id.	12 a 91	0 66	TROIS QUARTS D'HEURE : de 3 heures 1/4 à 4 heures	TROIS QUARTS D'HEURE : de 7 heures 1/4 à 8 heures		
10		id.	id.	114 113	id.	[illegible]	0 40	UNE DEMI-HEURE : de 4 heures à 4 heures 1/2	UNE DEMI-HEURE : de 8 heures à 8 heures 1/2	Ensemble Nos 9, 10 et 11 : TROIS QUARTS D'HEURE : de 2 heures 1/4 à 3 heures	Ensemble Nos 9, 10 et 11 : TROIS QUARTS D'HEURE : de 10 heures 1/4 à 11 heures
11		id.	id.	112	id.	[illegible]	0 66	UN QUART D'HEURE : de 4 heures 1/2 à 4 heures 3/4	UN QUART D'HEURE : de 8 heures 1/2 à 8 heures 3/4		

Nos D'ORDRE.	NOMS des propriétaires.	LIEUX DITS :	PLAN DU SYNDICAT. Section.	Nos.	Désignation des lignes et rigoles de distribution.	Contenance PAR PARCELLE	Largeurs des vannes déversoirs.	DISTRIBUTION DE L'EAU LE JOUR. ANNÉES EN NOMBRE PAIR.	ANNÉES EN NOMBRE IMPAIR.	DISTRIBUTION DE L'EAU LA NUIT. ANNÉES EN NOMBRE PAIR.	ANNÉES EN NOMBRE IMPAIR.
1	2	3	4	5	6	7	8	9	10	11	12
12	......	Graviers d'en haut	A	111.	2 de I.	4 a 70 c.	0m 26	Ensemble Nos 12 et 13. UNE DEMI-HEURE : de 4 heures 3/4 à 5 heures 1/4.	Ensemble Nos 12 et 13. UNE DEMI-HEURE : de 8 heures 3/4 à 9 heures 1/4	Ensemble Nos 12, 13, 14, 15, 16, 17, 18 et 19. UNE HEURE : de 3 heures à 4 heures. Fin de la 1re nuit.	Ensemble Nos 12, 13, 14, 15, 16, 17, 18 et 19. UNE HEURE : de onze heures à minuit
13	......	id.	id.	110.	id.	7 a 91 c.	0 52				
14	......	id.	id.	109.	id.	4 a 25 c.	0 26	Ensemble Nos 14, 15 et 16. UNE DEMI-HEURE : de 5 heures 1/4 à 5 heures 3/4	Ensemble Nos 14, 15 et 16. UNE DEMI-HEURE : de 9 heures 1/4 à 9 heures 3/4		
15	......	id.	id.	108	id.	3 a 92 c.	0 24				
16	......	id.	id.	107.	id.	3 a 27 c.	0 20				
17	......	id.	id.	106.	id.	3 a 84 c.	0 19	Ensemble Nos 17 et 18. UNE DEMI-HEURE : de 5 heures 3/4 à 6 heures 1/4	Ensemble Nos 17 et 18. UNE DEMI-HEURE : de 9 heures 3/4 à 10 h. 1/4.		
18	......	id.	id.	105.	id.	10 a 88 c	0 59				
19	......	id.	id.	104.	id.	13 a 37 c.	0 66	UNE DEMI-HEURE : de 6 heures 1/4 à 6 heures 3/4	UNE DEMI-HEURE : de 10 heures 1/4 à 10 h. 3/4	2e NUIT (du vendredi au samedi).	
20	......	id.	id.	103.	id.	2 a 89 c.	0 14	Ensemble Nos 20, 21 et 22. TROIS QUARTS D'HEURE : de 6 heures 3/4 à 7 heures 1/2	Ensemble Nos 20, 21 et 22. TROIS QUARTS D'HEURE : de 10 heures 3/4 à 11 h. 1/2	Ensemble Nos 20, 21, 22, 23, 24, plus les deux parcelles suivantes, ayant réunies 10 a 06 c. UNE HEURE ET UN QUART : de 8 heures à 9 heures 1/4	Ensemble Nos 20, 21, 22, 23, 24, plus les deux parcelles suivantes, ayant réunies 10 a 06 c. UNE HEURE ET UN QUART : de minuit à 1 heure 1/4
21	......	id.	id.	102.	id.	4 a 40 c.	0 20				
22	......	id.	id.	101.	id.	8 a 25 c.	0 36				
23	......	id.	id.	100.	id.	5 a 70 c.	0 66	UN QUART D'HEURE : de 7 heures 1/2 à 7 heures 3/4	UN QUART D'HEURE : de 11 heures 1/2 à 11 h. 3/4.		
24	......	id.	id.	99.	id.	4 a 54 c.	0 66	UN QUART D'HEURE : de 7 heures 3/4 à 8 heures (Fin de la journée du jeudi.)	UN QUART D'HEURE : de 11 heures 3/4 à midi		

JOUR	DISTRIBUTION DE L'EAU LA NUIT	
[illegible]	[illegible]	[illegible]
10	11	12
[illegible] 17 et 15, [illegible] : 8 1/4 à 9 heures 1/4.		
[illegible] 13 et 14, [illegible] : 1/4 à 9 heures 1/4.	[illegible] 15, 18 et 10. UNE HEURE : de 7 heures à 8 heures.	[illegible] 15, 18 et 10. UNE HEURE : de [illegible] heures à [illegible].
Nos 17 et 18, [illegible] : 1/4 à 10 h. 1/4. [illegible] : 1/4 à 10 h. 3/4.	[illegible]	
	2e NUIT [illegible]	
[illegible] 25 et 26 [illegible] : 1/4 à 11 h. 1/4.	[illegible] plus les deux [illegible]	[illegible] plus les deux [illegible]
[illegible] : 1/4 à 11 h. 3/4. [illegible] : [illegible] 3/4 à midi.	UNE HEURE ET UN QUART : de 8 heures à 9 heures 1/4.	UNE HEURE ET UN QUART : de [illegible] à [illegible] heure 1/4.

RÈGLEMENT

POUR LE

CANAL D'IRRIGATION

DE LA

COMMUNE DE LESTELLE

1° De l'entretien et la conservation des travaux du Canal et dépendances.

Art. 1er Le syndicat institué, conformément au Décret du 3 octobre 1856 portant règlement d'administration publique pour le canal d'irrigation de Lestelle est chargé, sous la direction des Ingénieurs du service hydraulique, de l'entretien et de la conservation des travaux dudit canal et dépendances établies aux frais de l'association et comprenant :

Les ouvrages d'art de toute nature et défenses contre les eaux des crues de la Garonne ;

Les terrassements des lignes principales et secondaires et rigoles de tout ordre ;

Les colateurs ;

Les plantations faites sur le terrain appartenant à l'association syndicale ;

La conservation des limites entre la propriété du canal et les riverains ;

Enfin les chemins de servitude et dépendances quelconques du canal ;

Art. 2. Il appartient au syndicat de défendre devant les autorités ou tribunaux les droits de l'association.

II° De la répartition des eaux et de l'arrosage de la police et surveillance.

Art. 3. La distribution du volume total des eaux dérivées par le canal sera faite suivant l'état général parcellaire de répartition visé par la délibération du syndicat en date du 16 juillet 1870.

Cette répartition sera strictement appliquée à tout intéressé qui en fera la demande à quelque époque de l'année que ce soit ; à l'exception toutefois du temps de chômage motivé pour l'entretien ou les réparations à faire aux ouvrages du canal.

Art. 4. L'arrosage sera pratiqué par les ayant droits dans les limites déterminées par la répartition.

Les associés qui voudront profiter d'un arrosage hors tour sur les huit heures réservées à cet effet dans la journée du dimanche (de huit heures du matin à quatres heures du soir) devront faire inscrire la veille au plus tard les Nos de leurs parcelles au siége du syndicat.

Il appartient au syndicat de fixer pour chaque parcelle la durée de l'arrosage hors tour en suivant l'ordre d'inscription.

Temporairement et jusqu'à ce que toutes les parcelles comprises dans la répartition soient associées, le syndicat est autorisé à distribuer l'eau encore non utilisée sur les terres des associés au fur et à mesure des demandes qui lui seront faites.

Art. 5. Toutes les parcelles soumises à l'arrosage seront pourvues d'une vanne-déversoir avec seuil et pieds droits en maçonnerie dont les largeurs seront exactement conformes à celles portées en regard des contenances inscrites dans le tableau général ci-joint des parcelles soumises à l'arrosage. Le syndicat est chargé de faire établir ces vannes. Toutefois les parcelles de terre divisées soit par un colateur, soit par une rigole et celles non-groupées pourront être pourvues de plusieurs vannes sans qu'il puisse être apporté aucun changement à la durée de l'arrosage et au volume d'eau attribué à chaque parcelle.

Art. 6. Sur la demande des intéressés il sera arrêté par le syndicat un tableau des parcelles situées, eu égard au niveau de l'eau, dans une position exceptionnelle et pour lesquelles il sera toléré, pendant des heures déterminées des barrages mobiles à placer dans le lit des rigoles de distribution d'eau.

Art. 7. Dès qu'il aura été procédé à la régularisation des vannes particulières de prise d'eau il sera interdit d'apporter aucune altération aux dimensions définitivement arrêtées, sans la permission de l'administration supérieure.

Art. 8. Il est formellement interdit à tout arrosant de donner, vendre ou céder l'eau qui lui revient.

Art. 9. Les membres du syndicat sont spécialement chargés de surveiller la répartition de l'eau et l'arrosage. A cet effet les syndics, chacun à leur tour, exerceront une semaine entière de surveillance.

Art. 10. Le syndic surveillant aura seul le droit, en se conformant au règlement pour la distribution des eaux, de faire ouvrir ou fermer les vannes de prise d'eau du canal principal.

Art. 11. Pendant la durée de sa surveillance le syndic recevra une rétribution, à la charge de l'association, de 3 f. par jour. En cas d'absence non légitime il encourra la peine d'une amende double de sa rémunération ou de 6 f. la première fois. En cas de récidive la seconde peine sera la destitution. Toutefois il pourra se faire remplacer par un autre syndic, mais le titulaire aura toujours la responsabilité des faits dommageables causés par le défaut de surveillance.

Art. 12. Le syndic surveillant devra s'assurer qu'il n'est pas dérogé aux prescriptions du règlement. Il aura sous ses ordres les gardes du canal pour l'aider dans sa surveillance.

Art. 13. Le même syndic devra s'assurer de la valeur des plaintes qui lui seront adressées par les arrosants, en informer le syndicat qui avisera l'administration s'il y a lieu.

Art. 14. Personne ne peut usurper les eaux appartenant à autrui. En cas de contravention le syndic surveillant pourra ordonner la fermeture de la vanne de prise d'eau appartenant au délinquant, si c'est un usager, pendant toute l'année dans laquelle le délit aura été commis. Le délinquant pourra avoir recours devant le syndicat et l'administration ; dans le cas où le contrevenant n'aurait pas droit à l'arrosage, plainte sera portée, à la diligence du directeur du syndicat, devant les juges compétents qui détermineront la fixation de l'indemnité et l'application de la peine.

Art. 15. L'arrosant qui aura encouru la peine déterminée à l'article 14 devra néanmoins payer la part de l'impôt qui lui sera attribué.

Art. 16. En dehors des prises d'eau établies par le syndicat, ou autorisées par le règlement, on ne pourra faire aucune entreprise tant sur le canal principal que sur les rigoles ayant pour but de dériver l'eau.

Art. 17. Tous les intéressés à l'arrosage ont le droit de dénoncer au syndicat les faits justifiables du règlement. Le syndicat doit en informer l'administration et fournir un avis motivé sur l'objet de la plainte.

Art. 18. Défenses sont faites à tous les riverains et particuliers quelconques de dégrader de quelque manière que ce soit les berges, les digues, talus, ouvrages d'art du canal, les rigoles, les colateurs et dépendances n'importe à quel titre ; comme aussi de planter et entretenir des arbres sur la propriété de l'association syndicale.

Art 19. Le droit de pêche est réservé au bénéfice de l'association. Seul le fermier du droit de pêche, accepté par le syndicat et l'administration, pourra faire usage des filets et d'autres engins qui ne sont pas de nature à entraver l'écoulement des eaux.

Art. 20. Aucune espèce de quadrupède ne pourra paître ni passer sur les francs-bords du canal, des rigoles, et dépendances.

Art. 21. Toutes les contraventions au présent règlement constatées par les gardes assermentés, seront portées devant les tribunaux compétents pour être jugées conformément aux lois en vigueur sur la matière.

CHAPITRE III.

Résultats acquis par l'irrigation à Lestelle.

Afin de se rendre compte des résultats acquis par l'irrigation, il faut nécessairement comparer la situation actuelle avec la situation ancienne avant l'arrosage. Dans ce but, nous avons réuni dans un tableau tous les renseignements détaillés relatifs à **62** parcelles dont les contenances sont portées dans la première colonne. Ces renseignements sont exacts car, en ce qui concerne le revenu, ils proviennent pour plusieurs parcelles des prix d'affermage, et pour les autres, ils sont déduits des prix de vente des foins. Ceux relatifs à la dépense pour préparation du sol à l'arrosage, aux frais moyens d'entretien annuel, ont été relevés avec le plus grand soin. (1) Ajoutons que les parcelles inscrites au tableau sont prises dans tous les quartiers desservis et que la somme des surfaces des terres de chaque catégorie est approximativement proportionnelle aux surfaces totales des terres de même nature comprises dans toute la zône arrosable.

---

(1) Nous devons la plus grande partie de ces renseignements à l'obligeance de MM. Galès, directeur du syndicat, et Souparis, instituteur communal à Lestelle.

Contenance de chaque parcelle.	Revenu net annuel avant l'arrosage.	Prix de revient et frais de toute nature par Parcelle de terre arrosée et pour : Amortissement, nivellement du sol, bâtissage et rigoles.	Engrais.	Ensemencement et achat de graines.	Total par parcelle.	Frais moyens annuels de culture et d'entretien par parcelle arrosée.	Revenu annuel par parcelle. Brut.	Net.
1	2	3	4	5	6	7	8	9
1re Catégorie (Terre et pré)								
h a c	fr.	fr.	fr.	fr.	fr.	fr.	fr.	fr.
38 75	35 00	44 00	32 00	8 00	84 00	13 00	63 00	50 00
85 31	72	75	54	28	157	30	210	180
14 46	12	27	12	6	45	5	50	45
18 92	16	30	13	8	51	6	66	60
72 71	67	1,220	200	40	1,460	25	425	400
50 73	44	185	100	30	315	18	223	210
15 11	13	36	36	15	87	5	70	65
h a c	fr.	fr.	fr.	fr.	fr.	fr.	fr.	fr.
2 15 89	258 00	1,557 00	450 00	165 00	2,212 00	102 00	1,112 00	1,010 00
2e Catégorie (Labourable)								
h a c	fr.	fr.	fr.	fr.	fr.	fr.	fr.	fr.
14 77	12 00	75 00	25 00	8 00	108 00	5 00	55 00	50 00
29 51	26	85	80	20	185	10	95	85
20 29	18	85	32	12	129	7	82	75
42 68	39	90	48	24	162	15	136	120
20 50	17	70	36	12	118	7	82	75
49 84	43	71	48	30	149	17	177	160
11 63	9	20	24	5	85	4	49	45
31 77	22	170	80	20	270	11	151	140
17 [illegible]	14	42	30	10	82	6	56	50
23 1	16	52	30	12	94	7	97	90
25 30	21	60	25	15	100	9	109	100
18 40	15	55	24	15	94	7	87	80
21 73	20	27	32	20	79	8	98	90
13 [illegible]	11	18	36	6	60	5	55	50
15 [illegible]	12	15	15	10	70	6	56	50
27 57	18	18	24	15	87	8	78	70
15 97	16	80	20	12	112	7	57	50
11 48	12	35	15	8	58	5	70	65
13 35	12	32	15	8	55	5	65	60
4 26 98	360 00	1,194 00	639 00	252 00	2,105 00	149 00	1,6[illegible]1 00	1,505 00

A reporter.

Contenance de chaque parcelle.	Revenu net annuel avant l'arrosage.	Prix de revient et frais de toute nature par Parcelle de terre arrosée et pour : Aménagement, nivellement, [illegible], labourage et plantage.	Engrais.	Ensemencement et achat de graines.	Total par parcelle.	Frais moyens annuels de culture et d'entretien par parcelle arrosée.	Revenu annuel par parcelle. Brut.	Net.
1	2	3	4	5	6	7	8	9
h a c	fr.	fr.	fr.	fr.	fr.	fr.	fr.	fr.
26 90 1	320 00	1,194 00	639 00	272 00	2,105 00	149 00	1,654 00	1,505 00
14 20	12	22	26	6	18	5	55	50
14 13	12	46	28	6	65	5	55	50
43 74	40	100	40	25	225	15	275	260
23 67	20	110	35	18	133	8	98	90
8 94	8	10	10	5	25	3	23	20
25 58	22	20	25	15	60	9	139	130
65 80	55	140	72	64	276	23	243	220
21 39	17	55	32	15	102	8	73	65
29 79	26	75	36	20	131	10	74	64
28 91	24	84	24	20	128	10	85	75
15 09	13	39	12	8	59	5	45	40
27 76	24	76	24	18	118	9	74	65
33 70	29	45	40	25	110	11	171	160
37 83	26	33	15	12	60	25	150	130
91 11	101	65	30	25	120	30	450	420
9 07 16	795 00	2,198 00	1,074 00	554 00	2,826 00	320 00	3,66 00	3,344 00

3e Catégorie (Terre et Bois).

h a c	fr.	fr.	fr.	fr.	fr.	fr.	fr.	fr.
90 88	37 00	600 00	200 00	120 00	920 00	31 00	231 00	200 00
20 59	8	100	40	30	170	7	57	50
39 01	16	500	50	20	570	15	225	210
46 16	18	100	40	48	188	16	146	130
1 03 38	79 00	1,300 00	330 00	218 00	1,848 00	69 00	659 00	590 00

4e Catégorie (Pâture).

h a c	fr.	fr.	fr.	fr.	fr.	fr.	fr.	fr.
35 07	8 00	40 00	80 00	15 00	135 00	12 00	147 00	130 00
17 50	3	25	46	10	81	6	56	50
15 05	3	90	20	10	120	6	56	50
28 97	6	105	50	30	185	10	130	120
9 15	2	20	10	6	36	3	33	30
17 29	3	90	30	12	132	6	91	85
1 23 11	25 00	372 00	236 00	83 00	691 00	43 00	508 00	465 00

Contenance de chaque parcelle.	Revenu net annuel avant l'arrosage.	Prix de revient et frais de toute nature par Parcelle de terre arrosée et pour : Aménagement, nivellement du sol, labourage et piochage.	Engrais.	Ensemencement et achat de graines.	Total par parcelle.	Frais moyens annuels de culture et d'entretien par parcelle arrosée.	Revenu annuel par parcelle. Brut.	Net.
1	2	3	4	5	6	7	8	9
5e Catégorie (Friches et terres mauvaises ou très-médiocres).								
h. a. c.	fr.	fr.	fr.	fr.	fr.	fr.	fr.	fr.
11 58	2 00	35 00	15 00	8 00	58 00	9 00	54 00	45 00
41 53	7 00	115	45	28	188	27	172	145
15 21	2 00	42	24	9	75	5	65	60
15 17	2 60	35	20	12	67	5	75	70
19 97	3 20	59	24	12	95	7	97	90
11 50	1 80	42	12	5	59	4	60	56
28 05	4 80	94	30	24	148	10	90	80
26 25	4 00	48	18	20	86	9	79	70
8 08	1 40	24	8	4	36	3	33	30
14 13	5 00	18	5	7	30	7	67	60
1 78 33	50 00	985	6	115	1,106	70	620	550
3 73 72	85 00	1,497 00	201 00	244 00	1,942 00	156 00	1,412 00	1,256 00

D'où l'on déduit pour un hectare, les moyennes ci-après :

1re CATÉGORIE (TERRE ET PRÉ)								
h. a. c.	fr.	fr.	fr.	fr.	fr.	fr.	fr.	fr.
1 00 00	89 87	539 56	152 03	55 73	747 32	34 47	375 70	341 22
2e CATÉGORIE (LABOURABLE)								
1 00 00	87 55	212 08	118 28	61 01	311 23	35 21	403 53	368 28
3e CATÉGORIE (TERRE ET BOIS)								
1 00 00	49 23	632 03	168 14	111 01	911 09	35 13	335 57	300 44
4e CATÉGORIE (PATURE)								
1 00 00	29 30	302 10	191 65	67 40	561 15	34 92	412 54	377 62
5e CATÉGORIE (TERRES TRÈS-MÉDIOCRES)								
1 00 00	22 74	400 55	53 78	65 29	519 61	41 74	377 82	336 06

Contenance de chaque parcelle.	Revenu net annuel avant l'arrosage.	Prix de revient et frais de toute nature par Parcelle de terre arrosée et pour : Aménagement, nivellement du sol, labourage et piochage.	Engrais.	Ensemencement et achat de graines.	Total par parcelle.	Frais moyens annuels de culture et d'entretien par parcelle arrosée.	Revenu annuel par parcelle. Brut.	Net.
1	2	3	4	5	6	7	8	9
RÉSUMÉ GÉNÉRAL.								
h. a. c.	fr.	fr.	fr.	fr.	fr.	fr.	fr.	fr.
2 95 99	266 00	1,597 00	450 00	165 00	2,212 00	102 00	1,112 00	1,010 00
9 07 99	795	2,198	1,074	554	2,826	320	3,664	3,344
1 96 38	79	1,300	330	218	1,848	69	659	590
1 23 11	25	372	236	83	691	43	508	465
3 73 72	85	1,497	201	241	1,942	156	1,412	1,256
18 97 22	1,250 00	6,964 00	2,291 00	1,261 00	9,519 00	690 00	7,355 00	6,665 00

Du résumé général nous déduisons pour un hectare les moyennes ci-après :

h. a. c.	fr.	fr.	fr.	r.	fr.	fr.	fr.	fr.
1 00 00	65 88	367 11	120 75	66 62	501 74	36 37	387 67	351 30

Toutes les parcelles de terre portées dans ce tableau sont soumises à l'arrosage ; la classification par catégories désigne leur état de culture avant l'exécution des travaux du canal. Il y a plusieurs remarques à faire sur les résultats qui y sont consignés; nous signalons les plus importantes :

Avant l'arrosage, le revenu net moyen annuel sur les meilleures terres (1re catégorie) était de 89 fr. 87 (colonne 2) et de 20 fr. 30 sur les terres de moindre revenu (4e catégorie). Par l'arrosage, ces dernières produisent un revenu net de 377 fr. 62 plus élevé que celui des premières, de 341 fr. 22 (colonne 9).

Pour la préparation du terrain à l'arrosage, les parcelles en nature de labourable ont nécessité par hectare la dépense de 314 fr. 23 (colonne 6) ; c'est la plus faible. La dépense de 941 fr. 03 la plus élevée dans une forte proportion a été nécessaire pour les parcelles en nature de terre et bois. On comprend cet écart par la raison que l'enlèvement des souches et racines des arbres occasionnent des mouvements considérables de terre pour combler les excavations et niveler le sol. Tandis qu'au contraire, les terres labourables sont à l'avance presque préparées, elles n'exigent relativement que de minimes transports de terre pour leur donner une pente convenable et pour uniformiser leur surface.

Comparons maintenant les résultats acquis avec toutes les dépenses d'établissement du canal.

Les associés ont dépensé pour la construction du canal, des rigoles, des colatures et pour toutes les dépendances, en nombre rond, la somme de.	45,000 fr.
Il leur a été alloué par l'Etat une subvention de.	10,000 fr.
Leurs déboursés de ce chef s'élèvent à.	35,000 fr.

Les travaux faits sont suffisants pour desservir cent hectares, c'est-à-dire que la zone arrosable possède cette contenance : mais il n'y a de compris dans l'association que 93 hectares. Pour cette dernière surface la dépense est par hectare de $\frac{35,000 \text{ fr.}}{93}$ = ... 376 f. 30 c.

De plus pour la préparation du sol à l'arrosage, la dépense moyenne s'est élevée par hectare (colonne 6) à. . . . . 501 f. 74 c.

D'où la dépense totale par hectare est de. 878 f. 04 c.

Ainsi les associés ont déboursé 878 francs par hectare ; tandis que l'augmentation de revenu pour une surface égale est de . . . 285 f. 42 c.

Résultant de la différence entre le revenu net moyen actuel de 351 fr. 30 (colonne 9) et celui de 65 fr. 88 (colonne 2) constaté avant l'arrosage.

A cinq pour cent cet excédant de revenu équivaut à une plus value par hectare de. . 5,708 fr.

Si de cette plus-value on retranche le capital dépensé, ou. . . . . 878 fr.

On trouve que les associés au canal de Lestelle ont un bénéfice par hectare de. . 4,830 fr.

Sans la subvention de l'Etat la dépense d'établissement du canal faite par les intéressés eût été de 483 fr. 74 par hectare au lieu de 376 fr. 30 ; dans ce cas le bénéfice ne se serait élevé qu'à. . . . . 4,723 francs.

Ce n'est pas tout : on doit faire observer que la dépense d'entretien de tous les ouvrages du canal sera largement couverte par les ressources que le syndicat retirera des plantations faites sur les francs-bords du canal dans les limites ordinaires ; que de plus les associés ont encore sur leurs parcelles de terre arrosées le paccage assuré pour leurs bestiaux pendant un mois ou deux suivant les années dont ils retirent un profit difficile à estimer mais certain. Ce profit n'est pas compris dans le revenu porté au tableau.

CHAPITRE IV

Barrages automobiles pour réservoir d'eau et irrigations

Un grand nombre de propriétés agricoles manquent d'eau pendant l'été pour abreuver les bestiaux et pour les usages domestiques. On peut atténuer cet état de choses en établissant dans le lit des ruisseaux des barrages destinés à retenir une partie de l'eau qui s'écoulerait entièrement sans eux. Seulement un ouvrage formant retenue doit être construit de manière à donner toute sécurité contre les effets d'un orage soit de jour, soit de nuit et par conséquent à ne pas provoquer des inondations. On peut obtenir ce résultat en établissant un barrage automobile pouvant être facilement enlevé par les eaux. Le système que nous avons étudié est d'une grande simplicité et peu coûteux. Voici sa description :

Il est formé de deux parties, l'une fixe, l'autre mobile. La partie fixe se compose : 1° de deux culées une sur chaque rive, ne faisant aucune saillie sur les berges naturelles du cours d'eau ; 2° d'un radier dans toute la largeur du lit, dérasé au niveau du plafond du cours d'eau. Les culées reposent sur ce radier, le tout est en maçonnerie. A moitié hauteur de chaque culée on ménage une retraite ou partie horizontale comme le représente la figure 2 (planche III).

La partie mobile construite en bois avec des planches de 0m 04 d'épaisseur forme la retenue et réservoir d'eau lorsqu'elle est posée sur le radier. Elle est consolidée dans la partie supérieure par des liteaux dans toute sa longueur.

Nous donnons un type de barrage à construire sur un cours d'eau de quatre mètres de largeur à la base, la hauteur de la retenue est de 0m 60. Pour que la partie mobile ne fléchisse pas sous la pression de l'eau la distance entre deux points d'appui ne doit pas dépasser deux mètres. Il est donc nécessaire, pour le type adopté, d'établir au milieu du radier une console en fer formée de parties ayant 0,03 d'épaisseur dans tous les sens. Cette console doit être dérasée au niveau de la partie horizontale des culées et à moitié hauteur de la retenue.

La partie en bois étant en place doit laisser à chacune de ses extrémités entr'elle et la maçonnerie, un vide de un à deux centimètres sur toute la hauteur Lorsqu'elle doit arrêter l'eau ce vide est garni avec de la terre grasse. De plus pour que l'eau ne filtre pas entre les planches et le radier on doit garnir leur joint par un bourrelet avec de la même terre.

A une de ses extrémités la partie mobile du barrage est reliée à une petite chaîne en fer qui est elle-même scellée à une borne en pierre ou attachée à un arbre s'il s'en trouve sur le point où l'ouvrage est construit. Voyons maintenant quels sont ses effets :

Si le débit du ruisseau est peu important l'eau s'accumule au barrage qui forme réservoir jusqu'à sa crête ; il y a stabilité tant que l'eau ne s'élève pas au-dessus. Mais dès que le niveau de l'eau dépasse de quelques centimètres, de six à huit au plus, celui de la retenue l'équilibre est rompu: alors la partie mobile est forcée à se mouvoir autour des points d'appuis, les planches soulevées par l'eau flottent à sa surface, et la retenue n'existe plus jusqu'à ce qu'on puisse la rétablir après que la crue a cessé.

La dépense à faire pour établir un ouvrage de cette nature est relativement peu élevée par rapport au résultat à obtenir. Toutefois elle est subordonnée à l'importance et à la situation du cours d'eau sur lequel le barrage est construit.

(Propriété).

TOULOUSE, TYPOGRAPHIE FR. MONTAUBIN, PETITE RUE SAINT-ROME, 1.

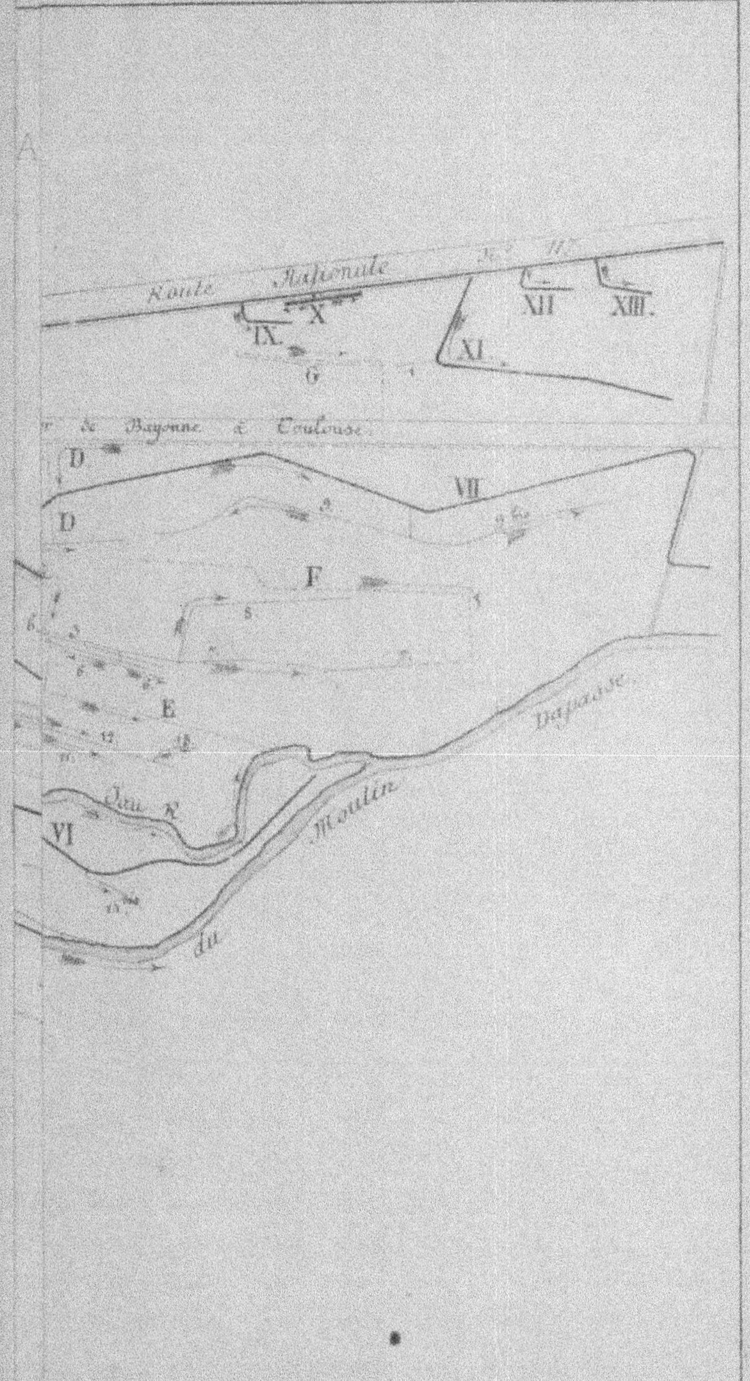

Route Nationale
IX.
X
XI.
XII
XIII.
6
de Bayonne à Toulouse.
D
D
VII
F
E
VI
Moulin
Dapause.
du

Auto. Deler

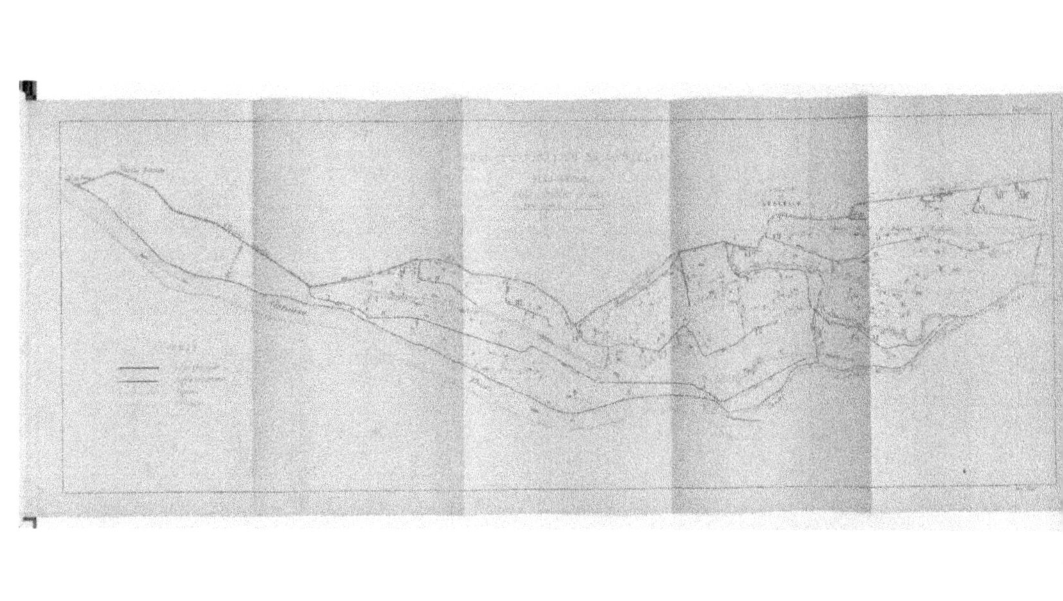

E. A.B. (Fig 6.)

C.D. (Fig. 7.)

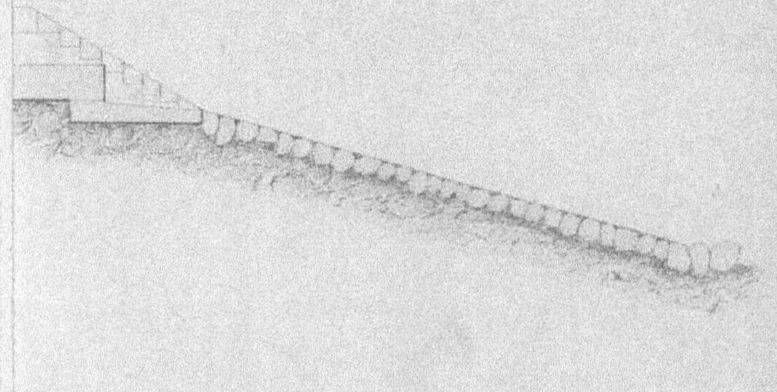

lle de 0.01 par mètre. ($\frac{1}{100}$)

Auto. Delor. Toulouse.

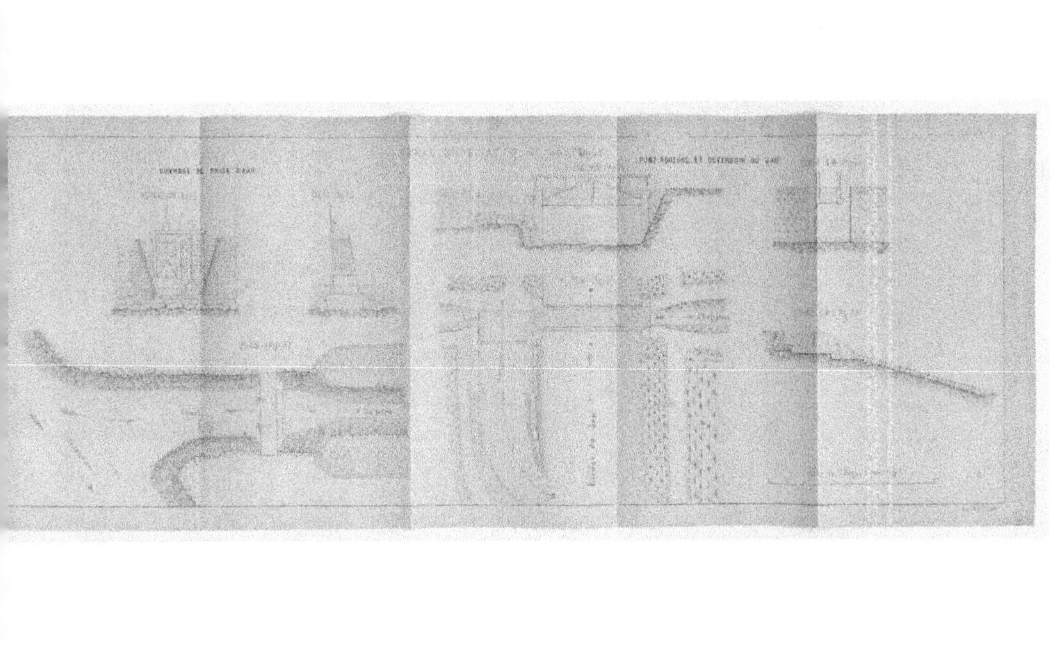

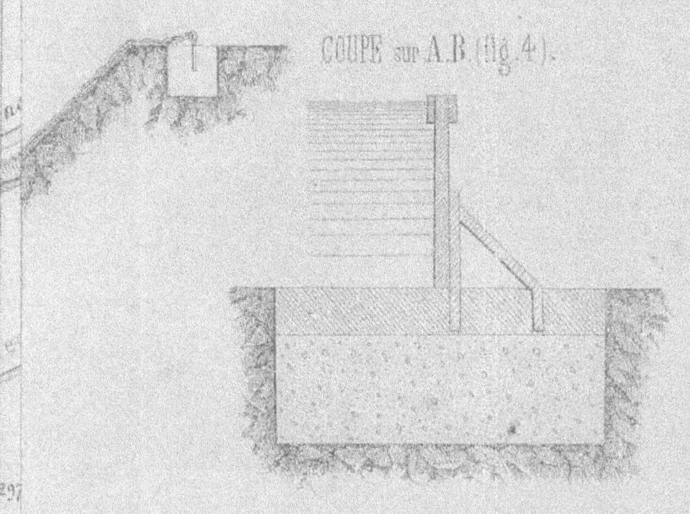

Echelle de 0m.02 par mètre (fig. 2 et 3).

Echelle de 0m.05 par mètre (fig. 4).

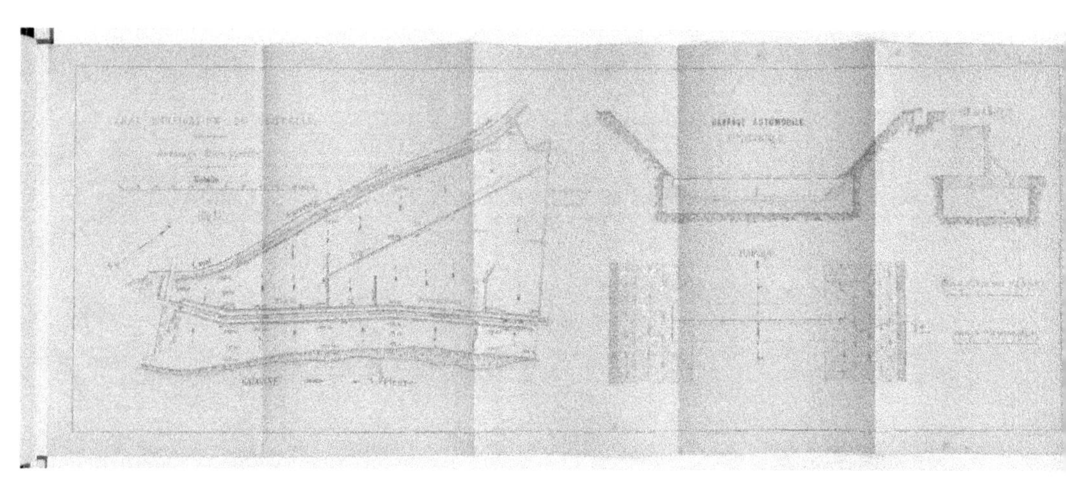

www.ingramcontent.com/pod-product-compliance
Ingram Content Group UK Ltd.
Pitfield, Milton Keynes, MK11 3LW, UK
UKHW022145170726
13837UKWH00004B/1799